Ram Babu Busi
Y. Srinivasa Rao
T. Satyanarayana

SEM, PTFR, Corte Universal, Tensão de Impulso, Ruído de Corrente

Ram Babu Busi
Y. Srinivasa Rao
T. Satyanarayana

SEM, PTFR, Corte Universal, Tensão de Impulso, Ruído de Corrente

ScienciaScripts

Imprint

Cover image: www.ingimage.com

This book is a translation from the original published under ISBN 978-620-2-00644-6.

Publisher:
Sciencia Scripts
is a trademark of
Dodo Books Indian Ocean Ltd. and OmniScriptum S.R.L publishing group

120 High Road, East Finchley, London, N2 9ED, United Kingdom
Str. Armeneasca 28/1, office 1, Chisinau MD-2012, Republic of Moldova, Europe
Printed at: see last page
ISBN: 978-620-7-63814-7

ÍNDICE DE CONTEÚDOS

RECONHECIMENTO

Os autores gostariam de expressar o seu profundo sentimento de gratidão ao Dr. Y. Srinivasa Rao, Professor e Presidente do BOS, Departamento de Tecnologia de Instrumentos, Universidade de Andhra, Visakhapatnam, Andhra Pradesh, Índia, Kamalakar, Diretor e Laksmhi Prasad, Directora de Grupo do Laboratório de Sistemas Ópticos e Electrónicos, Bangalore, Índia, por lhes ter permitido trabalhar nos seus laboratórios. Os autores também gostariam de agradecer ao Diretor e à Direção do nosso instituto pelo seu apoio e encorajamento contínuos.

Prefácio

As resistências de película espessa de polímero foram impressas utilizando a tecnologia de película espessa de polímero com uma pasta de polímero contendo PVC e grafite. Verificou-se que a resistência diminui no caso de materiais de elevada resistividade e que a resistência aumenta no caso de materiais de baixa resistividade se a tensão de impulso aplicada for superior a um valor limite. Estas investigações foram efectuadas em amostras com diferentes composições de PVC e grafite, na gama de 60% a 90% em peso e com diferentes tamanhos de grão na gama de 10 a 70 microns.

Foram efectuadas experiências para compreender o mecanismo responsável pelo corte universal de resistências de película espessa de polímero. Quando as altas tensões são aplicadas sob a forma de impulsos e impulsos de várias durações e com diferentes amplitudes a resistências de película espessa de polímero, verificou-se que a resistência pode ser aparada para cima com impulsos de alta tensão e que a mesma resistência também pode ser aparada para baixo com impulsos de alta tensão. Foram concebidas experiências para compreender o mecanismo responsável por esta diminuição/aumento da resistência com impulsos ou impulsos de alta tensão. O efeito do corte universal em propriedades eléctricas importantes das resistências de película espessa de polímero foi investigado.

Capítulo 1

INTRODUÇÃO

1.1 INTRODUÇÃO

A tecnologia de película espessa foi introduzida há cerca de trinta anos como um meio de produzir circuitos híbridos. A microeletrónica híbrida baseada em tecnologias de película espessa e fina tem mostrado um rápido crescimento nos últimos anos e está a emergir como uma técnica importante para a representação em pequena escala de sistemas electrónicos. As suas principais características são um menor custo de conceção e produção, uma maior frequência e capacidade de potência e uma maior flexibilidade na conceção e no fabrico. Tendo em conta estas características atractivas, as tecnologias de película espessa tornaram-se extremamente populares em certas aplicações especiais em que a redução de dimensão necessária não é tão grande como nos CI monolíticos, mas os requisitos de desempenho são rigorosos.

Na microeletrónica híbrida, a técnica da película espessa é mais utilizada do que a técnica da película fina, porque necessita de um investimento inicial muito menor, mas produz circuitos com bom desempenho para todas as aplicações gerais. A tecnologia de película espessa tem vindo a sofrer várias alterações significativas ao longo dos anos. Registaram-se vários novos desenvolvimentos nos métodos de deposição de películas. A tecnologia de película espessa baseada em composições de vidro e cerâmica é muito estável em condições severas, como altas temperaturas ou ambientes corrosivos. A tecnologia de película espessa é utilizada para dispositivos electrónicos, como sensores, embalagens e módulos de alta fiabilidade. A tecnologia clássica de película espessa utiliza maioritariamente substratos de plástico.

O processo de fabrico consiste em imprimir, secar e queimar sucessivamente uma série de camadas de materiais funcionais, tais como condutores, dieléctricos, resistências, materiais de sensores e esmaltes. A deposição das camadas é mais frequentemente efectuada através da impressão serigráfica para uma produção de grande volume e de baixo custo. No caso de protótipos, pode também ser utilizada a dispensa. Cada camada é impressa com uma pasta composta por um material mineral funcional e um veículo orgânico temporário. Após a deposição, a secagem remove o solvente do veículo, permitindo que a peça seja manuseada.

A operação final é a cozedura, a fim de eliminar o ligante orgânico e sinterizar os materiais. As fritas de vidro são normalmente utilizadas sozinhas para esmaltes e como aglutinante permanente na tecnologia de película espessa para dieléctricos, resistências e, em certa medida, para condutores [1]. Foram desenvolvidos novos tipos de substratos e pastas de película espessa com o objetivo de simplificar os processos ou realizar novos tipos de dispositivos/circuitos. Foram desenvolvidos novos métodos de impressão, cozedura e corte para aumentar a taxa de produção de circuitos híbridos. Foi também conseguida a automatização de várias etapas envolvidas na conceção e produção. Os componentes a realizar sob a forma de películas espessas são impressos por serigrafia utilizando pastas ou tintas em substratos, com muito boas propriedades isolantes e térmicas. A mudança na resistência das películas mais espessas é grande em comparação com as mais finas [2]. A condutividade é fortemente dependente da espessura da película. Assim, o controlo da espessura da película e o conhecimento da dependência das propriedades eléctricas em relação à espessura são essenciais para obter componentes de película com as características pretendidas. As tecnologias de película espessa e fina são amplamente utilizadas no domínio das micro-ondas para realizar os componentes de circuitos integrados de micro-ondas, como as linhas de fita [3]. Na ótica integrada, as tecnologias de película espessa e fina são utilizadas para realizar componentes optoelectrónicos como células Cds foto condutoras [4]. Os dispositivos de ondas acústicas de superfície (SAW) também se baseiam na tecnologia de película fina [5].

A tecnologia de película espessa foi desenvolvida principalmente para produzir circuitos electrónicos robustos e em miniatura de uma forma rentável. Podem ser obtidas economias de escala significativas em grandes séries de produção, uma vez que o processamento de película espessa pode ser maciço e automatizado. Além disso, os circuitos de película espessa oferecem a possibilidade de combinar tecnologias díspares num único pacote integrado, o que não é possível com os actuais métodos de fabrico de semicondutores microelectrónicos [6]. A tecnologia de película espessa pode ser utilizada para produzir estruturas geometricamente bem definidas e altamente reprodutíveis.

A tecnologia de película espessa de polímero é uma abordagem intrinsecamente limpa, profundamente simples e notavelmente lógica para produzir circuitos e criar ligações eléctricas. Na maior parte das aplicações, são geralmente utilizados componentes à base de vidro frisado. Nos últimos dias, tem-se sentido a necessidade de uma tecnologia relativamente menos dispendiosa e uma solução para isso parece ser a utilização de películas condutoras e resistivas de polímero para interconexões e resistências, respetivamente. Em todo o mundo, são envidados esforços consideráveis para compreender o comportamento destas películas resistivas de polímero e das resistências de polímero. Atualmente, a tecnologia de películas espessas de polímeros pode vir a ser a sucessora dos circuitos integrados à base de silício e, muito provavelmente, substituir a eletrónica inorgânica.

1.2 PESQUISA BIBLIOGRÁFICA

R.P. Himmel [1971] estudou a sensibilidade à alta tensão de vários materiais de resistividade de película espessa, para efeitos de corte. Os impulsos de alta tensão são aplicados a resistências de amostra através da ligação de um condensador carregado de 1000 volts. Verificou-se que os materiais de menor resistividade aumentaram o seu valor em pequenas quantidades e que os materiais de maior resistividade diminuíram o seu valor até 90% sob tensão aplicada de 5 a 30 kV/in. A TCR foi medida antes e depois da pulsação e verificou-se que os valores da TCR dos materiais de menor resistividade se tornaram mais negativos e os valores da TCR dos materiais de maior resistividade se tornaram mais positivos.

M. Prudenziati et al [2000] investigaram o excesso de ruído em resistências de película espessa (TFRs) queimadas de uma a dez vezes sob o mesmo perfil de queima. As alterações na estrutura e na composição, que são responsáveis pelas variações na resistividade da folha e no TCR, afectam também o índice de ruído das TFRS, por vezes de forma substancial, e as alterações no índice de ruído dependem tanto da composição da resistência como da natureza do substrato. Além disso, o excesso de ruído parece estar correlacionado com fenómenos físico-químicos induzidos por requeima na massa das resistências, muito mais do que com alterações na densidade de micro defeitos nas resistências investigadas.

I. Hajdu et al [2001] descreveram um método de medição do ruído que é utilizado para estudar alguns tipos de resistências de película espessa. No âmbito deste estudo, concentramo-nos em estudos comparativos da tecnologia de camadas e na utilização de diferentes materiais. O artigo apresenta o método de medição e mostra alguns resultados para pastas à base de Ag e Cu, juntamente com alguns resultados de corte.

I. Stanimirovic et al [2003] estudaram os efeitos do stress de impulsos de alta tensão na resistência e no ruído de baixa frequência de resistências de película espessa baseadas em duas composições diferentes de resistências com resistências de folha de 10 e 100 kQ/sq. Para efeitos experimentais, foram realizadas resistências de teste de película espessa de diferentes dimensões e expostas a impulsos de tensão com amplitudes de 1500 a 3000V. Os resultados experimentais obtidos são analisados qualitativamente do ponto de vista da microestrutura, do mecanismo de transporte de carga e do ruído de baixa frequência. É observada uma correlação entre as alterações da resistência e do ruído de baixa frequência com a degradação da resistência devido ao stress causado por impulsos de alta tensão. É demonstrado que o ruído de baixa frequência é mais sensível a este tipo de stress da resistência do que a resistência e que os valores medidos do índice de ruído estão de acordo com os resultados do espetro de ruído da resistência.

A. Pietrikova et al [2004] explicaram que a comparação da estabilidade e fiabilidade de resistências de película espessa preparadas por diferentes técnicas é discutida neste trabalho. Este objetivo foi alcançado através da comparação de resistências de película espessa preparadas por gravação e por tecnologia de película espessa convencional. A técnica de gravura como uma combinação de três técnicas (fotolitografia, processamento LTCC e tecnologia de modelação PCB) foi introduzida como uma nova ideia para a construção de resistências "planares". Mostramos que é possível desenvolver dispositivos que são úteis na tecnologia de película espessa padrão e que é possível fabricar resistências 3D (planares) com maior estabilidade e fiabilidade. Como material de operação, seleccionámos cerâmica de baixa temperatura (LTCC), porque permite o fabrico de estruturas tridimensionais e é compatível com o processo de impressão serigráfica.

I. Stanimirovic et al [2007] estudaram os efeitos da tensão de impulsos múltiplos de alta tensão na resistência e no ruído de baixa frequência de resistências de película espessa baseadas em composições de resistências com resistências de folha de 1, 10 e 100kQ/sq. Para fins experimentais, uma série de resistências de teste de película espessa com geometrias idênticas foi realizada e exposta a dois tipos de testes: séries múltiplas de 10 impulsos com amplitudes crescentes entre 0,5 e 4,0kV e séries múltiplas de 10 impulsos com amplitudes constantes de 3kV e 4,5kV. Os resultados experimentais obtidos foram analisados e foi observada uma correlação entre as alterações da resistência e do ruído de baixa frequência com a degradação da resistência devido ao stress do MHVP. Comparando as alterações da resistência e do índice de ruído, é demonstrado que os parâmetros de ruído de baixa frequência são mais sensíveis a este tipo de stress da resistência do que a resistência. Durante o stress de impulsos de alta tensão, um certo número de resistências falhou e a degradação progressiva da resistência que levou a uma falha catastrófica é também apresentada neste documento.

Kolek. A et al [2007] descreveram as medições de ruído de baixa frequência em resistências de película espessa a baixas temperaturas. As películas foram preparadas num processo padrão de "alta temperatura": O RuO_2 de 20 nm foi misturado com vidro de borossilicato de chumbo granular de 0,5 pm e solvente orgânico para obter uma pasta que foi depois impressa em substratos de alumina e queimada num forno de túnel. As medições efectuadas abaixo da temperatura do hélio líquido revelam que o ruído de baixa frequência (1/f) aumenta aproximadamente com a diminuição da temperatura. As medições dos espectros de ruído na gama de 4K a 300K, abaixo desta temperatura, abrem uma lacuna de largura constante entre o expoente de ruído calculado a partir do declive espetral e da dependência da temperatura da magnitude do ruído. Esta diferença deve-se à alteração do mecanismo de acoplamento do ruído que ocorre a ~10K. A temperaturas mais elevadas, este acoplamento é independente da temperatura. A temperaturas mais baixas, o acoplamento torna-se dependente da temperatura.

A. Kolek et al [2009] São relatadas experiências que mostram que as películas resistivas espessas contêm fontes de ruído activadas termicamente.

A sua distribuição no volume da resistência é altamente não homogénea e aumenta perto das terminações da resistência. Verifica-se também que as fontes de ruído activadas termicamente são altamente influenciadas pelo processo de comutação desencadeado pelas alterações da microestrutura.

Damian Nowak, Szymon Plawski, Andrzej Dziedzic [2010] apresentaram estudos experimentais sobre a distribuição de campos de temperatura em microcircuitos de película espessa e LTCC (Low Temperature Cofired Ceramics) com fontes de calor representadas por resistências e a sua fiabilidade sob cargas de impulsos. Foi aplicado um sistema de varrimento termográfico baseado num detetor de infravermelhos para o mapeamento térmico dos componentes e foi utilizado um multímetro digital para a realização de testes de envelhecimento. Os resultados obtidos fornecem informações práticas sobre as possíveis aplicações destes componentes em circuitos microelectrónicos e a sua fiabilidade em diferentes condições de trabalho.

Edward Mis, Andrzej Dziedzic [2006] apresentaram as propriedades eléctricas básicas de resistências de três terminais de diferentes topologias e dimensões. Os resultados experimentais foram comparados com simulações numéricas, explorando um modelo de resistência real 2D, tendo em conta os factores dimensionais acima mencionados. Foi também considerado um procedimento de correção.

Mis. E et al [2006] apresentaram as propriedades geométricas, eléctricas e de estabilidade de microrresistências de película espessa e LTCC fabricadas pelo método de modelação a laser (foi utilizado o excimer laser KrF para a modelação). Os parâmetros geométricos (largura e espessura médias da película condutora e resistiva, largura, profundidade e forma da fenda de corte do laser) estão correlacionados com as propriedades eléctricas básicas das resistências (resistência da folha, coeficiente de resistência a quente, sua distribuição, resistência versus dependência da temperatura numa vasta gama de temperaturas), bem como com a estabilidade térmica a longo prazo e a durabilidade das microrresistências a impulsos eléctricos curtos.

Edward Mis, Andrzej Dziedzic [2007] apresentaram os efeitos de contacto em resistências de película espessa que não podem ser negligenciados. Devido à complicada relação entre os parâmetros dos componentes e a topologia, a abordagem analítica é muito difícil. Assim, foi utilizado o método dos elementos finitos. A distribuição da resistência de folha relacionada com os efeitos de contacto foi modelada colocando na área da resistência camadas intermédias ao longo dos contactos. Foram também examinados factores geométricos, tais como a distribuição das dimensões planas e o alinhamento das camadas condutoras e resistivas. Foi obtida uma concordância promissora entre os resultados da simulação e os parâmetros medidos.

Andrzej Dziedzic et al [2006] descreveram uma nova abordagem ao corte a laser que é investigada e comparada com o corte tradicional. Esta abordagem baseia-se na criação de um contacto adicional para reduzir os valores de resistência, simplificando assim o design e alargando as gamas de corte da resistência. Isto permite obter uma correção com um comprimento de corte mais curto, o que pode levar a um processo de fabrico mais rápido e mais barato do circuito integrado híbrido. Este artigo analisa a gama de correção e as características de correção calculadas para diferentes formas de contacto adicionado utilizando um novo método, muito rápido e facilmente programável. Além disso, é apresentada a verificação experimental desta abordagem. A gama de corte e a sensibilidade relativas são analisadas em função da forma do contacto adicional e do comprimento de corte. Em seguida, a estabilidade a longo prazo, a durabilidade dos impulsos e o ruído de baixa frequência são comparados para resistências de dois e três contactos em função do comprimento do percurso de corte.

Piotr Markowski, Andrzej Dziedzic [2013] investigaram a alteração dos valores dos parâmetros eléctricos das estacas térmicas após processos de envelhecimento a longo prazo. Foram utilizadas várias combinações diferentes de compósitos para criar estacas térmicas. Uma pista de cada termopilha era feita de PdAg ou Pt e era a pista de referência e a segunda do material testado. Após testes preliminares, foram escolhidos cinco compósitos com baixa resistência e coeficiente Seebeck adequado (Ag, Ag+RuO_2 e três tipos de RuO_2). Medimos as características da força termoeléctrica, ET = f(ΔT) e da resistência interna R_i = f(T) na gama de temperaturas de 293 a 493 K. Os termopares de PdAg/Ag têm uma potência eléctrica de saída quase duas ordens de grandeza superior à dos outros.

1.3 MOTIVAÇÃO DO TRABALHO

A partir da literatura, pode ver-se que a maior parte do esforço tem sido colocado para aparar a resistência de película espessa quer para cima quer para baixo. Na maioria das técnicas, o corte ascendente é conseguido através da remoção ou evaporação do material, afectando a consequente redução da secção transversal do fluxo de corrente, e o corte descendente é conseguido através da transformação das propriedades do material. Estas técnicas parecem sofrer de problemas de distribuição não uniforme da corrente, distribuição não uniforme da temperatura, etc. [7-9]. Estas são apenas algumas das técnicas em que a resistência interna é sujeita a corte e em que estes problemas são mínimos [10]. Uma dessas técnicas de corte é baseada na aplicação de impulsos de alta tensão a resistências de película espessa. Não há qualquer indicação de que este método permita aparar a resistência de película espessa de polímero. Pensa-se que este corte por impulso de alta tensão é suscetível de produzir variações controladas dos valores de resistência em resistências de película espessa de polímero. Além disso, atualmente, não existe um método de corte único para cortar as resistências de película espessa nas direcções ascendente e descendente. Por conseguinte, foram efectuadas investigações sistemáticas sobre os efeitos da aplicação de impulsos de alta tensão a resistências de película espessa de polímero. Verificou-se que o valor da resistência diminui em materiais de alta resistividade e o valor da resistência aumenta em materiais de baixa resistividade com a aplicação de impulsos de alta tensão. Foram efectuadas experiências para estabelecer a relação entre as alterações da resistência e a amplitude do impulso, a duração do impulso e a frequência de repetição do impulso de impulsos de alta tensão. Foi possível explicar estas variações em termos do aquecimento local sofrido pelas películas resistivas espessas de polímero. O efeito deste corte no ruído de corrente, no coeficiente de resistência à temperatura e nas características de fiabilidade destas resistências é também investigado e explicado.

Com base nestes estudos, foi desenvolvido, pela primeira vez, um método de corte universal para resistências de película espessa de polímero que permite cortar as resistências em ambas as direcções, para cima e para baixo, à nossa vontade. O mecanismo responsável por este corte é também explicado com base em experiências.

1.4 OBJECTIVOS

Os objectivos da presente investigação são

1. Desenvolver um novo método de recorte universal para recortar as resistências de película espessa de polímero na direção descendente / ascendente.
2. Compreender o mecanismo responsável pela diminuição / aumento da resistência de resistências de película espessa de polímero recortadas pelo método de recorte universal.

Capítulo 2

CORTE UNIVERSAL DE RESISTÊNCIAS DE PELÍCULA ESPESSA DE POLÍMERO

Este capítulo descreve algumas investigações efectuadas sobre o método dc corte universal de resistências de película espessa de polímero utilizando altas tensões. É relatado que há uma redução ou incremento na resistência com a aplicação de alta tensão para além de um determinado valor (limiar) que depende do valor da tensão e da duração efectiva durante a qual é aplicada. Também é referido que o valor da resistência diminui ou aumenta continuamente com o tempo, levando a um processo de fuga (se forem aplicados impulsos de tensão de duração mais longa, acima do valor limiar) ou à rutura destas películas de resistência (se forem aplicados impulsos de tensão de duração mais curta, acima do valor limiar). Utilizando este processo, a resistência de película espessa de polímero pode ser recortada tanto para cima como para baixo, o que leva a um recorte universal destas resistências, bastando alterar a duração efectiva dos impulsos de alta tensão aplicados.

Geralmente, as pastas resistivas de película espessa à base de vidro frisado são utilizadas para fabricar as resistências na microeletrónica híbrida. No entanto, hoje em dia, as pastas resistivas de película espessa à base de polímeros são utilizadas para fabricar resistências por razões económicas. As aplicações potenciais destas pastas resistivas poliméricas são utilizadas para fabricar resistências para eletrónica flexível e também para proteção contra sobretensões em circuitos de telecomunicações. O ajuste da resistência das resistências curadas é parte integrante da tecnologia de película espessa de polímero. O ajuste da resistência é feito através da remoção de uma porção do material da resistência por um jato estreito de partículas abrasivas (corte por abrasão a ar) ou pela evaporação da parte do material do substrato usando um raio laser de alta potência (corte por laser) [11-18]. Os métodos de corte acima referidos são utilizados para cortar as resistências apenas no sentido ascendente. O corte descendente não é geralmente tentado porque exige a adição dos materiais à película. Parece haver outro método para alterar a resistência, mudando a condutividade da película para valores mais altos ou mais baixos com impulsos de alta tensão. Impulsos de alta voltagem são aplicados a resistências de película espessa de polímero para reduzir a resistência alterando as suas condutividades [1932]. E também atualmente, não existe um único método disponível para cortar as resistências de película espessa tanto para cima como para baixo.

Pela primeira vez, a possibilidade de cortar resistências de polímero tanto para baixo como para cima usando impulsos de alta tensão foi investigada neste trabalho. Neste artigo, são apresentados os resultados da investigação do desempenho de resistências de película espessa de polímero após a aplicação de impulsos de alta tensão, utilizando medições de resistência.

Com o objetivo de realizar um método de corte sem cortes e sem danificar a superfície de resistências de película espessa para dispositivos electrónicos, foi desenvolvido um método de corte universal (UTM). Este método de corte com ajustes de resistência é devido à amplitude de pico de altas tensões e ao número de grupos de impulsos. O TCR e o ruído de corrente dos resistores aparados são consideravelmente melhorados por esta técnica de aparagem e não há perda na capacidade de manuseamento de potência dos resistores aparados.

2.1 Trabalho experimental

2.1.1 Fabrico de resistências

A pasta de polímero contendo PVC e grafite foi preparada dissolvendo primeiro os grânulos de PVC em ciclo-hexanona e misturando depois a grafite. O pó de grafite (granulometria média: 45 microns) é preparado a partir de um bloco de grafite, fornecido pela Graphite India Limited, Bangalore, com uma condutividade eléctrica de 0,33*105 mho/cm. O pó de PVC é fornecido pela Calico Chemicals Limited, Bangalore, e tem uma densidade de 1,37 Mg/m^3 . Esta pasta foi utilizada para imprimir resistências em substratos de alumina e PVC com uma impressora de ecrã fornecida pela De Haart, EUA. Estas resistências impressas são processadas utilizando o atual processamento de película espessa de películas à base de polímeros [22-23]. O tratamento térmico envolve a secagem à temperatura ambiente durante 15 minutos, seguida de cura a 100^0 C durante quatro horas. A espessura da amostra curada situa-sc no intervalo de 40 a 150 microns. As várias composições de PVC-grafite utilizadas no fabrico da pasta são apresentadas na Tabela 1. Os pormenores de uma resistência de película espessa típica fabricada são apresentados na Figura 2.1 que mostra a estrutura das resistências de película espessa de polímero e a Figura 2.2 que mostra a fotografia de algumas das resistências de película espessa. Foram fabricadas várias resistências com diferentes comprimentos e larguras e os seus pormenores são apresentados na Tabela 2. As propriedades eléctricas, como a resistividade e o coeficiente de resistência à temperatura, são medidas e os resultados são descritos a seguir.

Figura2.1 : Estrutura de uma resistência de película espessa de polímero típica.

Detalhes de composições de resistências de película espessa de polímero

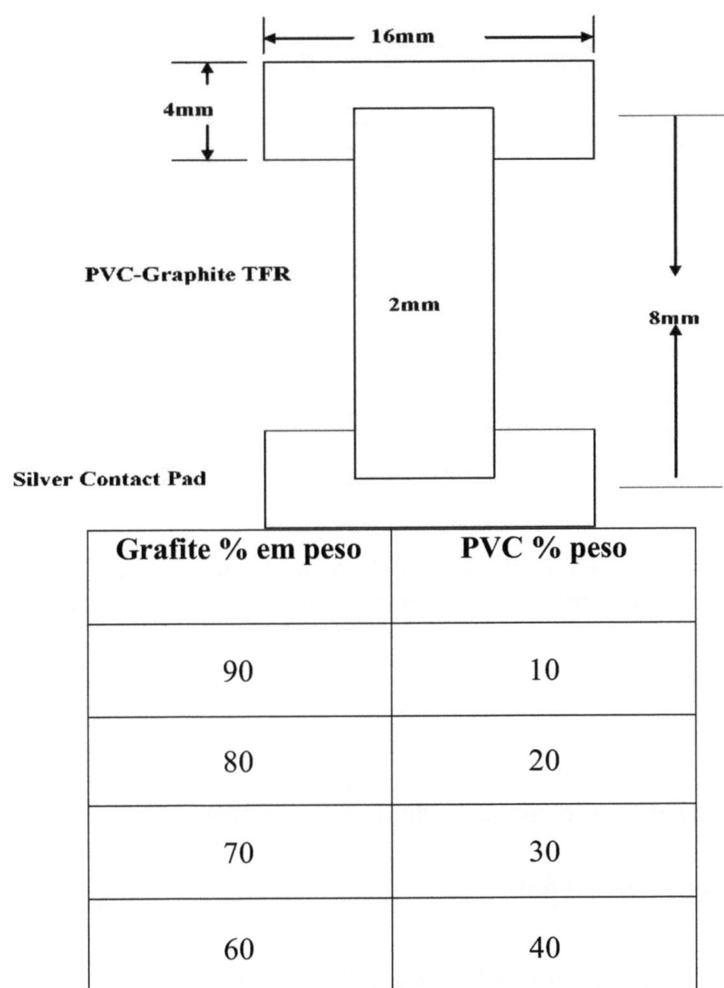

Grafite % em peso	PVC % peso
90	10
80	20
70	30
60	40

Detalhes de Resistências de Película Espessa de Polímero Fabricadas
Tamanho do grão = 45pm
Composição em peso: Grafite: PVC:: 80%:20%

Em série	Largura da resistência em	Comprimento da resistência	Resistência
1	1	4	24 KQ
2	2	8	55 KQ
3	3	12	3.4MQ
4	4	12	3,9 MQ
5	4	16	5.4 MQ
6	**4**	**18**	**11.01 MQ**

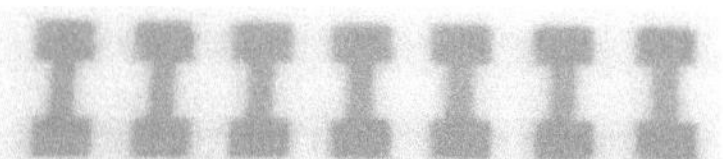

Figura 2.2: Fotograma da resistência de película espessa de PVC-grafite.

Foram fabricadas várias resistências com diferentes comprimentos e larguras, cujos pormenores são apresentados na Tabela 2. Os valores de resistência destas resistências são medidos em diferentes condições de campos eléctricos e os resultados são descritos a seguir.

2.2 Medições eléctricas

A configuração utilizada para aplicar impulsos de alta tensão à resistência de película espessa de polímero baseia-se num circuito 24 semelhante ao descrito na literatura [20-21] e é apresentado nas figuras 2.3 e 2.4. É constituído por uma resistência, um condensador, um interrutor mecânico ON/OFF, um gerador de funções, um relé de comutação de estado sólido e um variac. A amplitude do impulso é da ordem dos 220 a 300 Volts e a duração do impulso varia entre 1 e 100 milissegundos. No caso das medições por impulsos, o valor da resistência é medido diretamente após ter sido sujeito a impulsos de alta tensão. As características típicas da resistência versus número de impulsos destas resistências são apresentadas nas figuras 2.5 a 2.7.

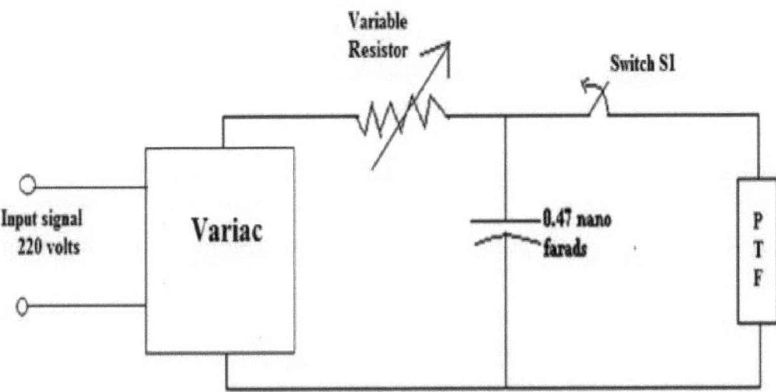

Figura 2.3: Circuito de ensaio de alta tensão utilizado para aplicar impulsos de alta tensão ao PTFR (1 a 100 microssegundos)

2.3 Resultados experimentais

A partir das características resistência versus número de impulsos apresentadas nas figuras 2.5, 2.6 e 2.7, verifica-se que a resistência aumenta com a tensão quando a duração do impulso é em microssegundos e a resistência diminui com a tensão quando a duração do impulso é em milissegundos.Para além de um determinado nível de tensão, a diminuição ou aumento da resistência é grande. Assim, isto dá origem a características tensão-corrente semelhantes às dos dispositivos em rutura eléctrica. Quando a tensão aplicada é limitada a este valor limite que aumenta linearmente com o comprimento da resistência, as características tensão-corrente são repetíveis, mostrando que o valor da resistência permanece inalterado com a tensão.No entanto, quando a tensão ultrapassa o valor limite, a resistência diminui ou aumenta, dependendo da magnitude da tensão aplicada e também do período durante o qual a tensão é aplicada. A Figura 2.5 mostra o comportamento da resistência com a amplitude dos impulsos de tensão. Verifica-se que a resistência diminui ou aumenta com o aumento da amplitude dos impulsos quando a amplitude é superior ao valor limite com várias durações de impulsos. A Figura 2.6 mostra que a resistência normalizada diminui ou aumenta com um aumento da duração dos impulsos e a Figura 2.7 mostra que a resistência normalizada diminui ou aumenta com um aumento do número de impulsos aplicados, desde que a amplitude seja superior ao valor limiar. De todas estas observações, pode concluir-se que o valor da resistência das resistências de película espessa de polímero diminui ou aumenta com impulsos mais curtos ou mais longos, quando a amplitude do impulso é superior a um determinado valor limite.

2.4 Procedimento de corte

A configuração utilizada para aplicar impulsos de alta tensão à resistência de película espessa de polímero baseia-se num circuito semelhante ao descrito na literatura [20-21] e é apresentado nas figuras 2.3 e 2.4. É constituído por uma resistência, um condensador, um interrutor mecânico ON/OFF, um gerador de funções, um relé de comutação de estado sólido e um variac. A amplitude do impulso está na gama de 220Volts a 300 Volts e a duração do impulso varia entre 1 a 100 microssegundos (duração curta do impulso) e 20 a 100 milissegundos (duração mais longa do impulso).No caso das medições por impulsos, o valor da resistência é medido diretamente após ter sido sujeito a impulsos de alta tensão, com um período de arrefecimento intermédio de 20 a 30 segundos entre as aplicações de dois impulsos sucessivos às resistências de película espessa de polímero. As características típicas da resistência versus número de impulsos destas resistências são apresentadas nas figuras 2.8 e 2.9.

Verifica-se também que o valor da resistência diminui no caso da aplicação de impulsos longos de alta tensão e que o valor das resistências aumenta no caso da aplicação de impulsos curtos com um aumento da amplitude dos impulsos de alta tensão, com a duração dos impulsos e com

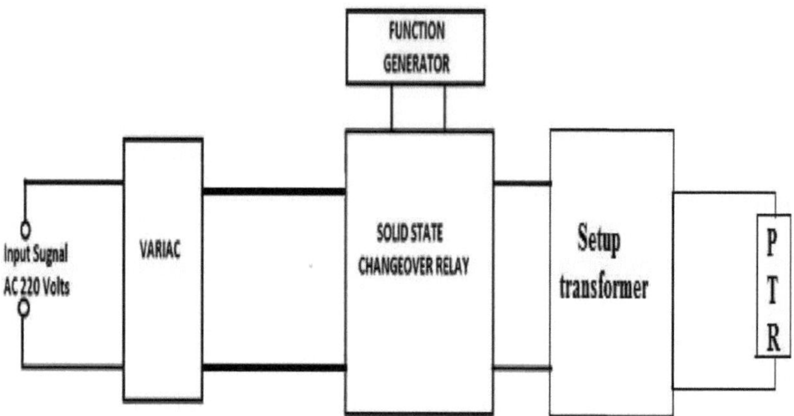

Figura 2.4: Circuito de ensaio de alta tensão utilizado para aplicar impulsos longos de alta tensão ao PTFR (20-100

o número de impulsos, como mostram as figuras 2.8 e 2.9. A partir dessas figuras, observa-se que a resistência varia muito rapidamente nos estágios iniciais e tende a saturar nas porções posteriores das curvas. Este comportamento é observado em resistências preparadas com diferentes composições. Verifica-se que os factores responsáveis pela variação da resistência estão intimamente ligados à variação da temperatura.

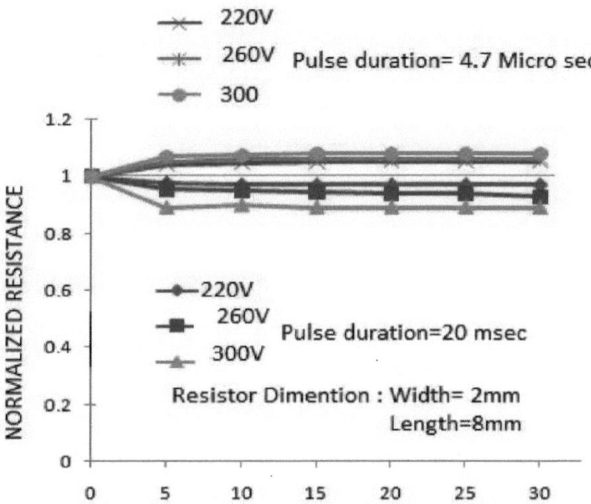

Figura 2.6: Variação da resistência normalizada com o número de impulsos para diferentes durações de impulsos.

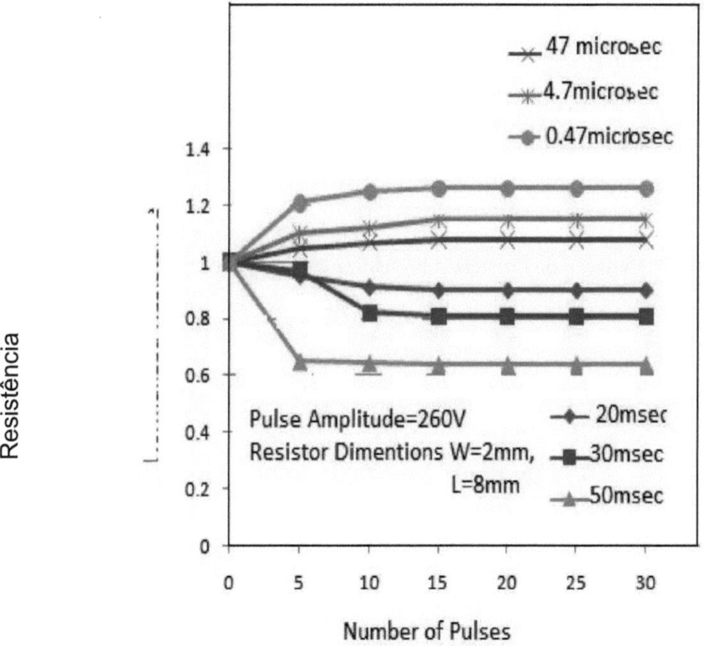

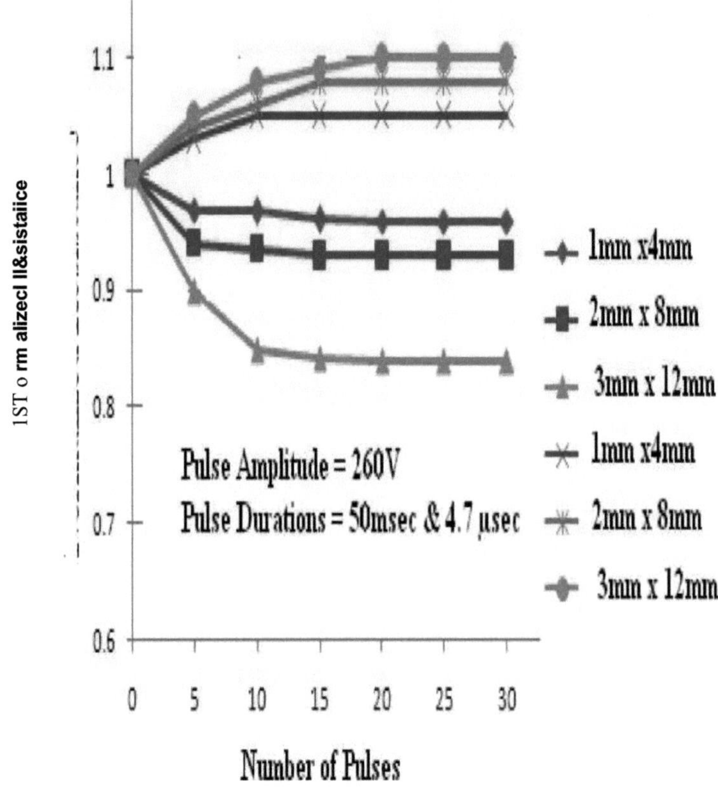

Figura 2.7: Variação da resistência normalizada com o número de impulsos para diferentes

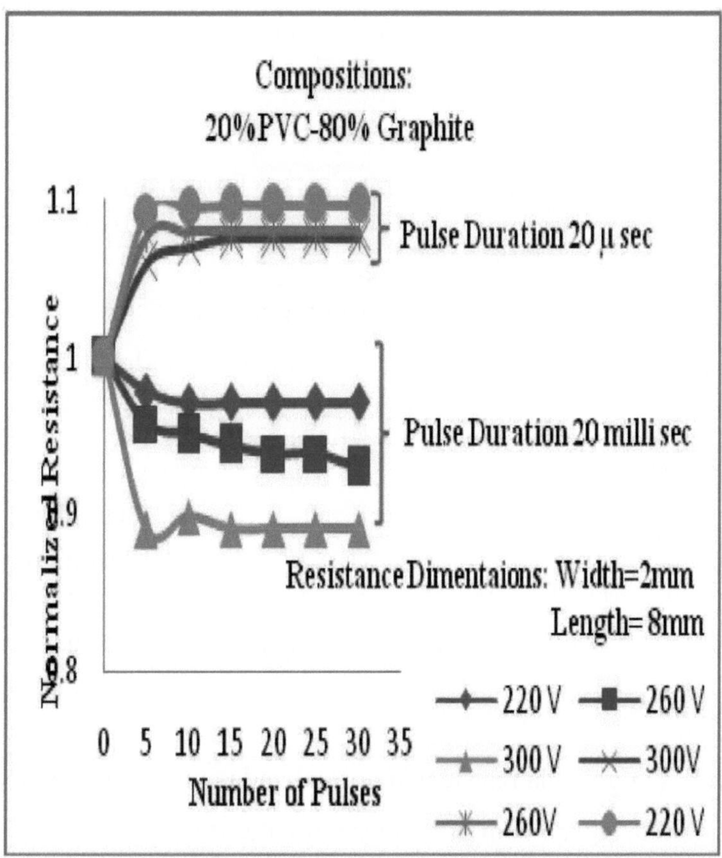

Figura 2.8: Variação da resistência normalizada com o número de impulsos de alta tensão com diferentes amplitudes.

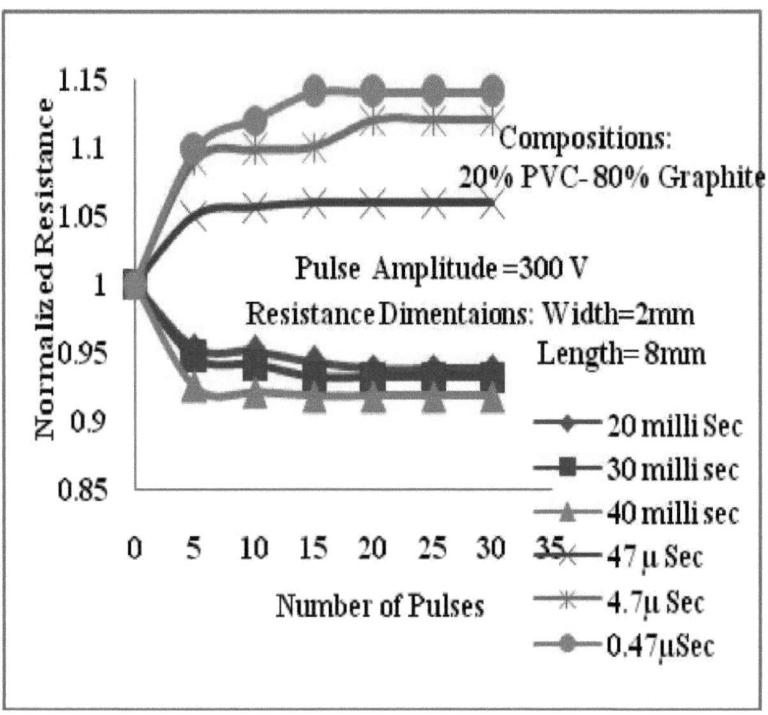

Figura 2.9: Variação da resistência normalizada com o número de impulsos de alta tensão com diferentes durações de impulso

2.5 Discussão

No caso de resistências de película espessa à base de fritas de vidro, é bem conhecido que a aplicação de impulsos de alta tensão leva a algum tipo de micro-soldadura entre os grânulos condutores, o que por sua vez leva a uma diminuição da resistência de resistências de alto valor (resistências preparadas com pastas resistivas com fase condutora relativamente baixa).

No caso das resistências de baixo valor, a resistência aumenta com a aplicação de impulsos de alta tensão devido à quebra das ligações condutoras [30]. No caso das resistências de película espessa de polímero descritas neste trabalho, não se pode esperar a soldadura da fase condutora, uma vez que é extremamente difícil fundir grânulos de grafite, que são a fase condutora nestas películas. No caso das resistências de película espessa à base de vidro frisado, a aplicação de impulsos de alta tensão leva ao aumento da condutividade das resistências de película espessa de baixa condutividade e leva à diminuição da condutividade das resistências de película espessa de alta condutividade com aquecimento local. Mas, no presente trabalho, quando se aplicam impulsos de alta tensão a uma resistência de película espessa de polímero com uma resistividade específica, seja ela superior ou inferior, verifica-se um aumento da resistividade com uma duração mais curta dos impulsos de alta tensão e uma diminuição da resistividade com uma duração mais longa dos impulsos de alta tensão aplicados. Isto mostra claramente que existe um fenómeno semelhante ao aquecimento local que surge devido à alta tensão e leva à micro-soldadura entre as partículas e à rutura dos caminhos condutores. Por conseguinte, os autores procuraram um mecanismo com aquecimento local que pudesse levar à diminuição ou ao aumento da resistência com a aplicação de uma tensão. Isto resultou no seguinte mecanismo possível, que talvez resulte na redução ou

Aumento da resistência devido à aplicação de impulsos de alta tensão a resistências de película espessa de polímero.

2.6 Mecanismo

As resistências de película espessa de polímero descritas neste trabalho contêm grânulos condutores de grafite dispersos num cloreto de polivinilo isolante. Quando um campo elétrico é aplicado através dele durante um período muito curto, espera-se que surja um aquecimento local na superfície da resistência de película espessa de polímero como resultado do elevado campo elétrico. Este aquecimento local derrete o polímero de cloreto de polivinilo e evapora-se, o que resulta na formação de mais vazios/cavidades nas resistências de película espessa de polímero. Na literatura, foi fornecida anteriormente a dependência da resistividade destas resistências com os diâmetros das cavidades no interior das resistências de película espessa de polímero [24]. O aquecimento local produzido com impulsos de alta tensão com duração muito curta provoca a evaporação da fase isolante nas resistências de filme espesso de polímero e origina vazios/cavidades com diâmetros maiores. Quando o diâmetro da cavidade dos resistores de película espessa de polímero se torna maior, isto leva a um aumento da resistividade destes resistores. Quando um campo elétrico é aplicado através de resistências de película espessa de polímero durante um período mais longo, também produz um aquecimento local. Mas este aquecimento local é de baixa intensidade, o que resulta numa espécie de cura no interior destas resistências. Este aquecimento local provoca a cura das resistências de película espessa de polímero e é responsável pela redução do diâmetro das cavidades no interior destas resistências. Quando o diâmetro da cavidade se reduz, o resultado é a diminuição da resistividade desses resistores. Deste modo, o mesmo campo elétrico que se aplica a estas resistências de película espessa de polímero pode causar uma diminuição ou um aumento da resistência, alterando a duração do campo elétrico aplicado. Para verificar se este fenómeno se verifica, foram tiradas micrografias de Microscopia Eletrónica de Varrimento (MEV) das películas das resistências, antes e depois da aplicação de impulsos de alta tensão, que são apresentadas na Figura 2.10. As regiões escuras em todas as fotografias de resistências de película espessa, antes e depois da aplicação de impulsos de alta tensão, representam as regiões de alta condução. As Figuras 2.10(a) e 2.10(b) indicam que existe um agrupamento das partículas de grafite após a aplicação de impulsos de alta tensão (regiões mais escuras). As Figuras 2.10(a) e 2.10(c) indicam que há uma quebra das cadeias condutoras de grafite após a aplicação de impulsos de alta tensão (regiões menos escuras). Assim, considera-se que o fenómeno responsável pela redução / incremento da resistência com a aplicação de impulsos de alta tensão é o aquecimento local desenvolvido com altas tensões no interior dos filmes destas resistências e também a duração do impulso aplicado a estas resistências.

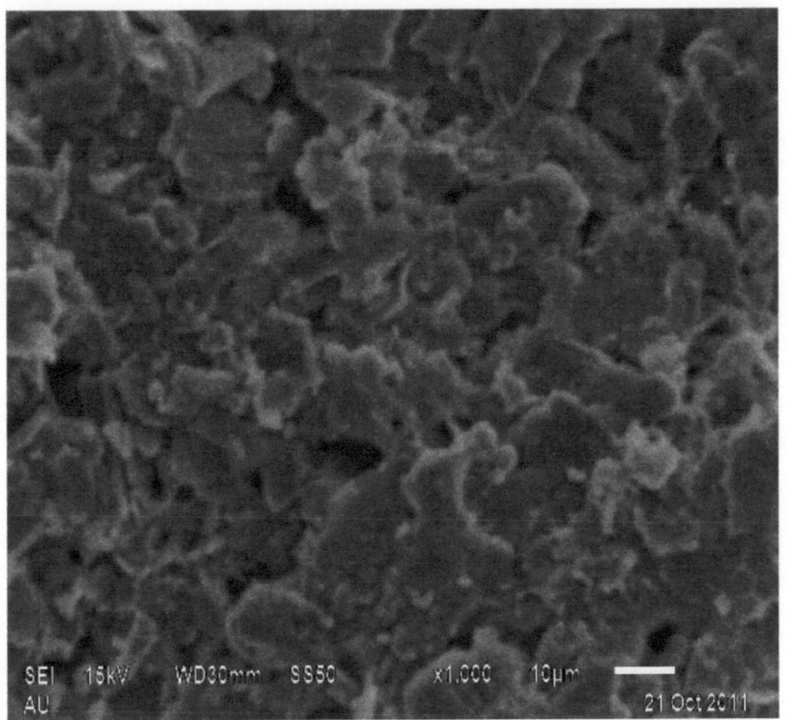

Figura 2.10 (a): Fotografias de Microscopia Eletrónica de Varrimento (SEM) de uma Resistência de Filme Espesso de PVC-Grafite (% PVC - % Grafite) antes da aplicação dos impulsos de alta tensão.

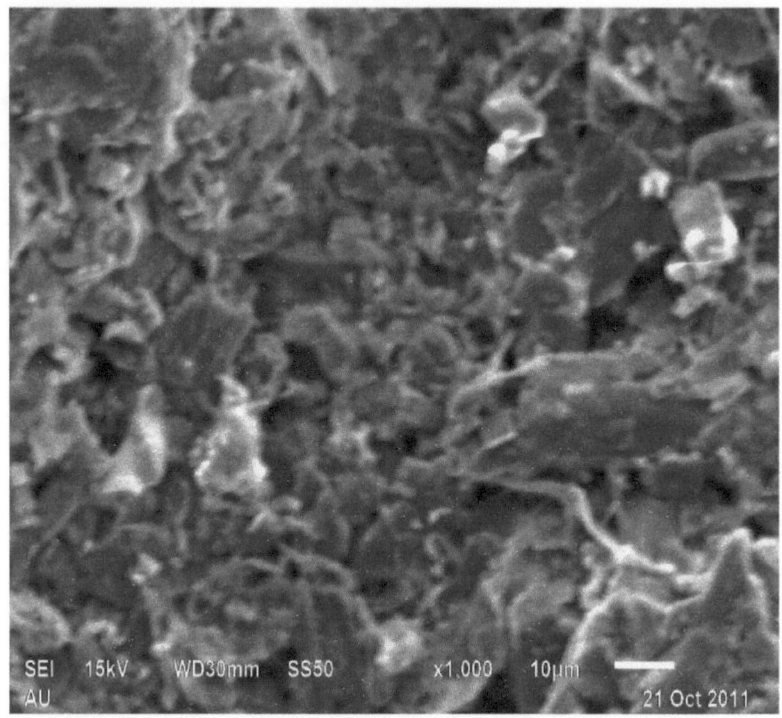

Figura 2.10 (b): Fotografias de Microscopia Eletrónica de Varrimento (SEM) de uma camada espessa de PVC-Grafite

Resistência de filme (% PVC - % grafite) após a aplicação dos impulsos de alta tensão.

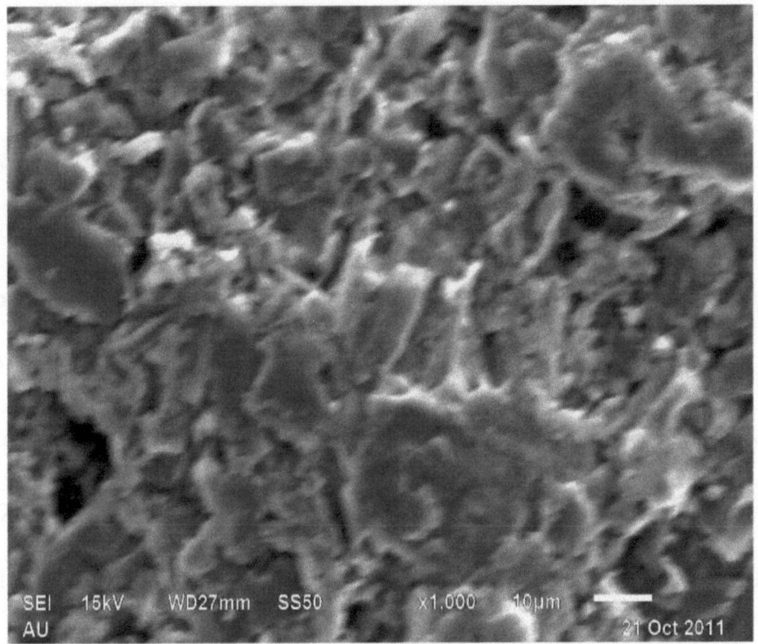

Figura 2.10 (c) : Fotografias de Microscopia Eletrónica de Varrimento (SEM) de uma Resistência de Filme Espesso de PVC-Grafite (% PVC - % Grafite) após a aplicação dos impulsos de alta tensão.

Com o aumento da amplitude dos impulsos, a variação da resistência é grande. Isto indica que o processo de cura/quebra das cadeias condutoras é potenciado devido à intensidade do aquecimento local que se verifica nas películas destas resistências. Com o aumento da duração dos impulsos, o processo de cura/quebra das cadeias condutoras terá lugar durante períodos mais longos. Além disso, o consequente aumento do processo de cura/quebra das cadeias condutoras leva a uma maior diminuição ou aumento da resistência. Assim, verifica-se que se pode afetar a diminuição ou aumento da resistência em resistências de filme espesso de polímero através da aplicação de impulsos de tensão com amplitude superior ao valor limite. Este fenómeno pode, eventualmente, ser utilizado para o corte universal destas resistências. Quando as resistências são sujeitas a impulsos de alta tensão de forma contínua, a amplitude da tensão é superior ao valor limite, é de esperar que ocorra o seguinte processo de retroação. Com a aplicação de impulsos de tensão com durações de impulsos mais curtas a um determinado material de resistividade, ocorrerá a quebra de cadeias condutoras. A criação de cada vez mais cavidades, que resulta em resistividades mais elevadas, conduz finalmente à rutura das resistências. Com a aplicação de impulsos de tensão com maior duração a um determinado material de resistividade, o agrupamento de partículas condutoras ocorre cada vez mais, devido à cura contínua destas películas de resistência, o que resulta numa diminuição contínua da resistência destas películas de resistência. Este processo conduz finalmente à rutura destas películas, à semelhança da rutura de dispositivos electrónicos em caso de avaria eléctrica, o que é altamente prejudicial para os circuitos que utilizam estas películas.

Conclusão

Este capítulo descreve algumas investigações efectuadas sobre o método universal de corte de resistências de filme espesso de polímero utilizando altas tensões. É relatado que há uma redução ou incremento na resistência com a aplicação de alta tensão para além de um determinado valor (limiar), que depende do valor da tensão e da duração efectiva durante a qual é aplicada. Também é relatado que o valor da resistência diminui ou aumenta continuamente com o tempo, levando a um processo de fuga (se forem aplicados impulsos de tensão de duração mais longa, acima do valor limiar) ou à rutura destas películas de resistência (se forem aplicados impulsos de tensão de duração mais curta, acima do valor limiar). Utilizando este processo, as resistências de película espessa de polímero podem ser aparadas tanto para cima como para baixo, o que leva a um aparamento universal destas resistências, apenas alterando a duração efectiva dos impulsos de alta tensão aplicados.

BIBLIOGRAFIA

1. C. Jacq, Th. Maeder e P. Ryser, Sadhana 34(4) (2009) 677-687
2. A. Ibrahim, Al-Homoudi, J. S. Thakur, R. Naik, G. W. Auner, G. Newaz, Applied Surface Science 253 (2007) 8607-8614
3. G.P. Ferraris e A.Tessalvi, "Fine Line Photo-Processing of Thick Film Resistors for Precision Microwave Hybrid Thin Film Circuits", Proc. 5th European Hybrid Microelectronics Conference (maio de 1985), pp. 22

4. D. P. Amalnekar, M. S. Shetty, S. K. Dake e P. B. Sinha, Indian J. of Pure and Applied Physics 22 (1984) 662-666

5. M. Satyam, "Overview of Hybrid Microelectronics", Curso de curta duração sobre Microeletrónica Híbrida de Películas Espessas e Finas IISc, Bangalore (setembro de 1986), pp. 1-3

6. J.K. Atkinson, S.S. Shahi, M. Varney, N. Hill, Sensors and Actuators B 4(1991)175-181

7. M. Satyam, K. Ramkumar, K.S.R.C. Murthy, "Electrical Properties of PVC - Graphite Thick Films", Journal of Material Science Letters, Vol. 3, pp.813-816, 1984.

8. M. Satyam, K.S.R.C. Murthy, "Curing and Thermal Cycling Process in PVC / Graphite Thick Films", Journal of Material Science Letters, Vol. 4, pp. 1371-1374, 1985.

9. M. Satyam, K.S.R.C. Murthy, "Trimming Studies on Polymer Thick Film resistors", Journal of Material Science, vol. 22, pp. 1413 -1418, 1987.

10. M. Satyam, K. Ramkumar, T. Badrinarayana, "Downward Laser Trimming of Thick Film Resistors", IEEE Transactions on Components Hybrids and Manufacturing Technology, vol. CHMT. 14, No. 14, pp. 894-899, dezembro de 1991.

11. Weightman, H., (1981), "Recent Advances in Abrasive Trimming and Material Removal Techniques," Electron Packaging & Production (USA), vol. 21, pp. 111-122.

12. Murthy, K.S.R.C., Ramkumar, K. e Satyam, M. (1984), "Electrical Properties of PVC- Graphite Thick Film Resistors," Journal of Material Science Letters, vol. 3, pp. 813-816.

13. Murthy, K.S.R.C., e Satyam, M. (1985), "Curing and Thermal Cycling process in PVC-Graphite Thick Films," Journal of Material Science Letters, vol. 4, pp. 1371-1374.

14. Murthy, K.S.R.C., e Satyam, M., (1987), "Trimming Studies on Polymer Thick Film Resistors," Journal of Material Science, vol.22, pp. 1413-1418.

15. Headly, R. C., Popowich, M.J., e Anders, F.J., (1973), "YAG Laser Trimming of Thick Film Resistors," Proceedings of IEEE Electronic Component Conference, pp. 47-55.

16. Shah, J.S., e Lloyd,(1978), "Mechanism and Control of Post Trim Drift of Laser Trimmed Thick Film Resistors," IEEE Transactions on Components, Hybrids and Manufacturing Technology, vol. 1, No. 2, pp. 130-136.

17. Markami, K.,Tananka, M. e Ikeda.R.(1985), "Laser Trimming of Polymer Thick Film Resistors," Proceedings of International Microelectronics Symposium (ISHM), pp. 245252.

18. Subrahamanium, K.V., Rambabu, B., Poornaiah, B. e Srinivasa Rao,

Y. (2014), "The Effect of Microwave Radiation on PVC-Graphite Thick Film Resistors," Microelectronics International, vol. 31, No. 2, pp. 99-102.

19. Olivei, A. (1973), "On the Sensitivity to High Voltages of Thick Film Resistors", Proceedings of Electronic Component Conference (ECC), IEEE, pp. 140-152.

20. Himmel, R.P. (1971), "Thick Film Resistor Adjustment by High Voltage Discharge", IEEE Electronic Component Conference, pp. 504-512.

21. Srinivasa Rao, Y. e Satyam, M. (1997), "The Effect of High Voltage Pulses on PVC- Graphite Thick Film Resistors," The International Journal of Microcircuits and Electronic Packaging, vol. 20, No. 1, pp. 51-56.

22. Srinivasa Rao, Y. (2007), "Studies on Electrical Properties of Polymer Thick Film Resistors", Microelectronics International, vol. 24, No.1, pp. 8-14.

23. Srinivasa Rao, Y. e Satyam, M. (2001), "Downward Trimming of Polymer Thick Film Resistors," The International Journal of Microcircuits and Electronic Packaging, vol. 24, No. 4, pp. 388-404.

24. Srinivasa Rao, Y. e Satyam, M., (2002), "Effects of Material

Parameters and Processing Conditions of High Voltage Sensitivity of Polymer Thick Film Resistors", Microelectronics International, vol. 19, n.º 2, pp. 26-31.

25. Vasudevan, S., (1996), "Low Ohm Thick Film Resistors for Surge Protection," Advanced Microelectronics, pp. 12-19.

26. Glang, R. et al, (1976), "Pulse Trimming of Thin Film Resistors", IEEE Spectrum, pp.71.

27. Seager, C.H., Pike, G.E., (1976), "Electrical Field Induced Changes in Thick Film Resistors," Proceedings of Microelectronics Symposium (ISHM-USA), pp.115-122.

28. Stevens, E.H., Gibert, D.A., (1976), "High Voltage Damage and Low-Frequency Noise in Thick Film Resistors," IEEE Transactions on Parts, Hybrids, Packaging, PHP, vol. 12, No. 4, pp. 351-356.

29. Saitoh, Y., Katsuta, Y., Suzuki, K., (1979), "Effect of Surge Voltages on Thick Film Resistors," Proceedings of International Microelectronic Sysmposium (ISHM-USA), pp. 289-294.

30. Barker, M.F., (1997), "Low Ohm Resistor Series for Optimum Performance in High Voltage Surge Applications, Microelectronics International, Vol.43, pp. 22-26.

31. Dziedzic, A., Kolek, A., Ehrhardt, W., Thust, H., (2006), "Advanced

Electrical and Stability Characterization of Untrimmed and Variously Trimmed Thick Film and LTCC Resistors", Microelectronics Reliability, vol. 46, pp. 352-359.

32. Stanimirovic, I., Jevtic, M.M., Stanimirovic, Z., (2003), "High Voltage Pulse Stressing of Thick Film Resistors and Noise", Microelectronics Reliability, vol. 43, pp. 905-911.

33. Kozlowski, J.M., Tancula, M., (1982), "The Influence of Electrical Pulses on Thick Film (Dupont 1421 Birox) resistors", Electro Component Science and Technology, vol.9, pp.185-189.

34. Tobita, T., Takasago, H., (1991), "New Trimming Technique For a Thick Film Resistor By the Pulse Voltage Method," IEEE Transactions on Component, Hybrids and Manufacturing Technology, vol. CHMT-14, pp.613-617.

35. Zdanowicz A., Golonka, L.J., Kita, J., Roguszczak, H., Zanowicz, T., (2000), "Some Remarks About Short Pulse Behaviuor of LTCC and Thick Film Microsystems," Proceedings of the European Microelectronics Packaging and Interconnection Sympoaium, Praga, pp.194-199.

36. Grimaldi, C., Maeder, T., Ryser, P., Strassler, S., (2004), "A Random Resistor Network Model of Voltage Trimming," Journal of Physics D,

vol. 37; pp. 2170-2174.

37. Srinivasa Rao, Y. (1998), tese de doutoramento intitulada "High Voltage Trimming of Polymer Thick Film Resistors", Departamento de Engenharia de Comunicações Eléctricas, Instituto Indiano de Ciência, Bangalore, Índia.

38. Harper, C.A. (1974), Handbook on Thick Film Hybrid Microelectronics, Baltimore, Maryland, McGraw-Hill, Nova Iorque.

39. Ken Gilleo, (1996), Polymer Thick Film, Van Nostrand Reinhold, Nova Iorque.

MIX
Papier aus verantwortungsvollen Quellen
Paper from responsible sources
FSC® C105338

Printed by Books on Demand GmbH, Norderstedt / Germany